MEIWEI YINGYANG
ZAOCAN QINGSONG GAODING

美味营养早餐轻松搞定

新东方烹饪教育◎组编

中国人民大学出版社
·北京·

编委会名单

编委会主任：金晓峰
编委会副主任：汪　俊
菜品制作：靳瑞彩　赵彦彬
文字编辑：杨秀哲
视频拍照：陈涛

前　言

　　古人云："民以食为天。"随着社会的不断进步与发展，物质生活水平的不断提高，人们越来越重视饮食这一基本需求，食物与健康是关系每个人的大事。一日三餐中，往往最容易被忽视的是早餐。俗话说"早餐要吃饱，午餐要吃好，晚餐要吃少"，可见早餐的重要性。一顿科学搭配的早餐，能够补充必需的营养，给身体带来充沛的活力，让身体能量满满。

　　《美味营养早餐轻松搞定》这本书，涵盖了南方与北方不同地区、不同饮食习惯的各种早餐品种，由粥、汤羹、中西式主食、冷菜、西式沙拉等构成。每道美食的制作都搭配了详细的解说和操作步骤图片以及注意事项，在烹调方法上结合现代厨房的先进设备和传统工艺流程，易于学习制作和掌握。

　　本书结构清晰，内容实用、丰富、具体，在编写本书时，得到了很多烹饪专家的指导与建议，在此表示感谢，也希望每一个读者能从中受益，并对本书不妥之处指正和批评，提出宝贵的建议！

目　录

01 粥

02 汤羹

03 中式主食

04 西式主食

05 凉菜

06 西式沙拉

01

粥
ZHOU

天下第一粥

🍲 做法

  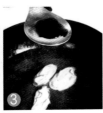

1. 大米洗净，用少量油拌匀，放入粥锅中。
2. 加入清水上旺火煮沸后立即转小火煮约 45 分钟至熟。
3. 香葱洗净切葱花，猪瘦肉洗净后剁成肉馅。牡蛎洗净，加入酱油焯水，捞出沥干水分。

4. 猪肉馅放入油锅。
5. 加料酒、酱油、盐、味精、胡椒粉炒匀。
6. 煸炒至变色后加入水。

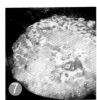 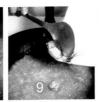 

7. 将牡蛎、煮好的米倒入锅中再下入鲜虾皮、青菜、鸡精搅拌均匀煮 10 分钟。
8. 转中火撒入葱花即可。

主 料	
大米	100g

配 料	
牡蛎	50g
猪瘦肉馅	100g
鲜虾皮	10g
青菜	10g
葱花	10g

调 料	
食用油	20g
料酒	5g
胡椒粉	3g
盐	3g
鸡精	3g
味精	2g
酱油	5g

🥢

超级啰嗦

◎将少量油放入米中会防止煮粥时溢出。
◎按顺序放入食材，效果最佳。
◎一直大火可能会受热不均匀而粘锅，小火会保证米粒充分熟透。

 主料：羊肝 250g

配料：米 100g、胡萝卜丁 200g、蒜末 3g、姜末 3g、葱末 5g

调料：料酒 2g、花生油 15g、鸡精 2g、盐 3g、味精 2g

羊肝胡萝卜粥

做法

1. 锅中放水将米煮熟。

2. 羊肝用清水洗净，沥水，切成小片，入锅焯水。

 超级啰嗦

◎注意羊肝腌渍。

3. 锅底留油，放入葱末、蒜末、姜末爆香。

4. 倒羊肝，加料酒、鸡精、盐、味精略炒片刻。

5. 加入煮好的米和少量清水，烧沸后改用小火煮。

6. 加入胡萝卜丁烧煮。

7. 盛出即可。

虾仁菠菜粥

主 料

大米	300g

配 料

菠菜	50g
鲜虾	100g
姜片	50g

调 料

盐	15g
八角	8g

超级啰嗦

◎ 鲜虾选用：要挑选均匀一致、新鲜的活虾剥离出虾仁；菠菜焯水去除草酸后，再用于做粥；要用文火熬制。

做法

1. 将菠菜洗干净，切成细丁。
2. 将鲜虾剔除虾线、虾头、壳，洗干净沥水。

3. 锅中放水，煮沸后将虾焯水后捞出。
4. 凉水锅中下米，加入八角、姜片煮沸后，转小火熬制浓稠，再放入盐。
5. 加入鲜虾、菠菜再煮 1~2 分钟。
6. 出锅，盛入碗中即可。

海鲜粥

 主料： 大米 200g

配料： 鲜虾 150g、鱿鱼 100g、海参 100g、葱花 5g

调料： 盐 8g、白砂糖 5g、料酒 5g、鸡精 2g

做法

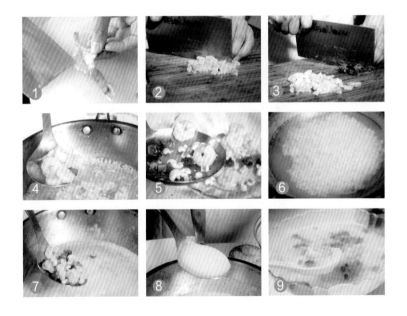

 超级啰嗦

◎ 煮之前先泡米。
◎ 海鲜要新鲜。

1. 将鲜虾剔除虾线、虾头、壳，洗干净沥水。

2. 鱿鱼和海参清洗干净后切丁。

3. 将鱿鱼、海参、虾仁放入开水中，加入料酒氽烫后捞出。

4. 把米用清水淘洗干净，用少量油拌匀，锅中倒入 10 杯水烧开，放入米煮开，再改用小火煮半小时左右。

5. 放入虾、鱿鱼、海参同煮至熟，加入盐、白砂糖、鸡精，再撒入葱花即可。

长寿黑米粥

🍴 做法

1. 干桂圆剥皮，枸杞用温水泡一下。

2. 将黑米与粳米一起放入清水中，淘洗干净，加清水适量煮约 1 小时后，加入红糖、红枣及桂圆干、枸杞，继续煮约 30 分钟。

3. 待黑米及其他配料都足够松软后，加入白糖搅匀，出锅即可食用。

主　料	
黑米	100g

配　料	
粳米	150g
红枣	50g
干桂圆	175g
枸杞	8g

调　料	
红糖	20g
白糖	25g

超级啰嗦

◎ 黑米要颗粒饱满，色泽光亮，洁净度高。

◎ 火候以文火为主。

主料： 香米 100g、大米 100g

配料： 荷叶 60g

调料： 白砂糖 30g、淀粉 5g

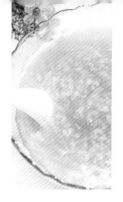

荷叶粥

做法

超级啰嗦

◎ 要选用香味较浓的荷叶。

1. 将香米、大米洗净、沥干，荷叶洗净、沥干放入锅中，添加足量的清水。

2. 大火煮开后转小火煎 30 分钟，将荷叶捞出留汤汁。

3. 将米放入荷叶水里，转小火煮制米烂粥熟。

4. 出锅前 5 分钟放白砂糖、淀粉勾芡。

5. 出锅。

皮蛋瘦肉粥

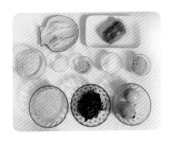

主 料

香米	50g
大米	100g

配 料

皮蛋	2个
猪瘦肉	250g
万年长青菜	50g
葱丝	2g
姜丝	2g

调 料

鸡精	5g
胡椒粉	5g
盐	5g
味精	3g

做法

1. 皮蛋剥壳，切丁备用。
2. 生姜切丝，香葱切丝，万年长青菜切末。

3. 猪瘦肉洗干净沥干水，切丝用盐腌3小时至入味，再放入锅中炒熟盛出。
4. 将香米、大米放入锅中，加水煮开，转中火煮约30分钟。

5. 放入皮蛋、万年长青菜和瘦肉、姜丝、鸡精、味精，煮开后再继续煮几分钟，熄火盛出。
6. 食用前加入胡椒粉即可。

超级啰嗦　◎皮蛋改刀时，要大小均匀一致。

香菇鸡肉粥

🥢 **主料：** 香米 300g

配料： 香菇 6 朵、鸡脯肉 300g、葱花 5g

调料： 盐 3g、味精 2g、胡椒粉 2g

🍳 做法

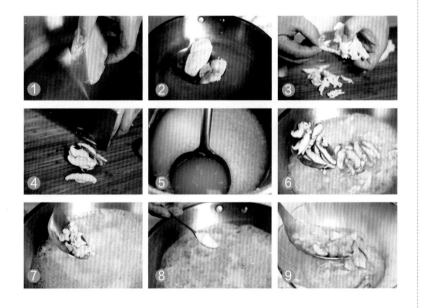

超级啰嗦

◎ 要剔掉鸡脯肉的筋膜。

1. 将鸡脯肉洗净，放入锅中，清水大火烧开转小火煮熟捞出晾凉，把鸡肉撕成丝备用。

2. 香菇洗净切薄片，香米淘洗干净，放入煮鸡肉的汤锅里，烧开后转小火煮成粥。

3. 下香菇煮 5 分钟，再倒入鸡丝，加盐、味精、胡椒粉再煮 3~5 分钟，出锅。

4. 撒入葱花即可。

人参雪蛤粥

🍳 做法

主　料	
大米	500g

配　料	
鲜人参	1根
雪蛤	253g

调　料	
枸杞	10g
冰糖	50g

1. 雪蛤用温水泡发回软。
2. 大米投洗干净，浸泡 30 分钟，捞出沥干水分，下入锅中加入清水旺火烧沸，转小火煮 30 分钟。

3. 下鲜人参，加冰糖、枸杞，搅匀煮 25 分钟。

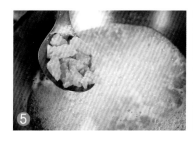

4. 下雪蛤烧煮片刻，见粥黏稠即可出锅。

超级啰嗦

◎ 粥锅烧开后，撇净浮沫，改用小火，慢煮为宜。

主料： 香米 50g，大米 80g

配料： 牛奶 1 000g

调料： 白砂糖 50g

牛奶粥

🍳 做法

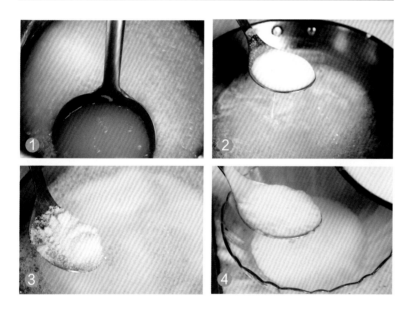

1. 香米、大米洗净，沥干后放锅内，加水旺火烧开，改用小火熬煮 30 分钟左右。

2. 煮至米粒涨开时，倒入牛奶搅匀。

3. 继续用小火熬煮 10~20 分钟至米粒黏稠，加入白砂糖，慢搅至糖化即可。

超级啰嗦

◎在制作时，注意火候，旺火烧开，小火熬制。

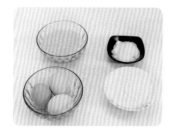

黄金蛋奶粥

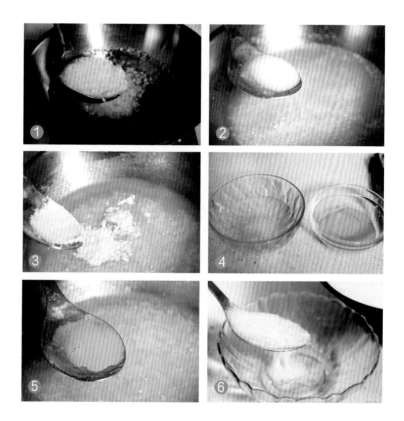

🍚 做法

主　料
大米　　　　　　　100g

配　料
鸡蛋　　　　　　　3 个

调　料
白砂糖　　　　　　10g
奶粉　　　　　　　50g

1. 将大米淘洗干净，用冷水浸泡，锅内加入约 800 毫升冷水，放入大米，用旺火煮制大米涨开。

2. 加入奶粉继续煮制米粒松软熟烂。

3. 鸡蛋磕入碗中，蛋清分离，用筷子将蛋黄打散，淋入奶粥中，加白糖熬化即可。

◎制作时，需提前用水浸泡米。

02

汤羹

TANGGENG

大枣银耳羹

做法

主 料	
大米	150g

配 料	
银耳	20g
大枣	9 个

调 料	
白砂糖	30g

超级啰嗦

◎ 要选用朵形完整、色泽光亮的银耳。

1. 银耳用温水泡发，摘去根部，切几刀。

2. 大枣清洗去核，大米洗净，煮熟。

3. 将银耳、大枣、白砂糖放入锅中煮熟。

4. 盛出，冷却冰镇即可食用。

滋补野山菌汤

🍲 做法

1. 将杏鲍菇、鹅蛋菌、白罗菌、野山菌切片备用。

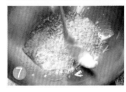  

主 料

野山菌	500g

配 料

杏鲍菇	100g
鹅蛋菌	100g
白罗菌	100g
红枣	50g
姜	10g
葱	5g

调 料

盐	6g
鸡精	5g
胡椒粉	5g
枸杞	10g

2. 姜切成末，葱切成末。

3. 锅中放油烧开，放葱姜末爆香。

4. 倒入备好的菌片，翻炒后加入水，大火煮制沸腾。

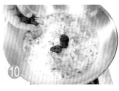 

5. 加入红枣、枸杞、鸡精、胡椒粉煮制 40 分钟。

6. 起锅前加入食盐煮制融化即可。

超级啰嗦　◎菌一定要煮透煮熟。

巧手长寿汤

做法

1. 南瓜、胡萝卜切片，打成蓉泥。

2. 坐锅点火，锅中放入黄油，将黄油融化开放入玉米粒、青豆、胡萝卜和南瓜打成的蓉泥。

3. 加入面粉、白糖、盐、鸡精，煮开即可盛出。

主　料	
南瓜	500g

配　料	
胡萝卜	100g
青豆	50g
玉米粒	10g
面粉	10g

调　料	
盐	5g
白糖	5g
黄油	10g
鸡精	3g

超级啰嗦

◎此汤含多种维生素、微量元素，有润肺止咳、降血糖等功能，健康绿色。

◎南瓜、胡萝卜打成蓉泥后口感更加细致嫩滑。

◎玉米粒、青豆先沸水煮熟。

主料：牛里脊 200g

配料：豆腐 100g、金针菇 20g，香菜 10g

调料：料酒 25g、盐 10g、胡椒粉 5g、
芝麻油 5g、淀粉 8g、葱花 5g

🍳 做法

1. 牛里脊剁碎，加腌肉料抓拌均匀，腌渍 10 分钟，豆腐切丁，金针菇切段。

2. 锅中烧开水，放入牛肉拨散，放入料酒，大火滚开立即关火。

3. 滤网滤除牛肉，冲一下水，沥干备用。

4. 锅里放冷水、豆腐、金针菇。

5. 放入牛肉大火烧开，加入盐、胡椒粉，倒入水、淀粉搅拌均匀。

6. 用筷子搅拌一下，撒上香菜，放芝麻油。

7. 放入葱花，出锅盛盘。

西湖牛肉羹

超级啰嗦

◎各食材分量要把握好，汤品看起来才均衡。

◎这道汤品的特点是鲜美，只放盐和胡椒粉也可，香油甚至可以忽略。

◎在制作过程中牛肉几乎全熟，后续可以全程大火快烧，缩短烹调时间。

胡椒辣汤

做法

1. 将豆腐皮切成细丝,海带丝切3cm长,粉丝切几刀,酱牛肉切0.5cm 的片,木耳切丁。

2. 将面粉放入盆内,加水和成面团,将面团浸泡在清水盆内,用手反复揉搓,不断加水洗出湿面筋约200g(洗面筋水留下待用)。

3. 锅内放水烧沸后,双手抓握面筋,边下边拉边将面筋撕成薄片。放入海带丝、胡椒面、十三香、精盐、豆腐皮丝、木耳、粉丝、花生米、酱牛肉,直到全部下锅后,用筷子(筷子约为50cm长)在锅内搅动。

4. 盛入碗内即可食用。

主 料

面粉	500g

配 料

豆腐皮	半张
海带丝	15g
木耳	10g
粉丝	20g
花生米	15g
酱牛肉	20g

调 料

精盐	3g
十三香	5g
胡椒面	5g

◎洗面筋的面团调制要过硬,洗面筋手法要准确。
◎下锅前先将面筋分成小块,放入清水中,待水锅烧开后再将小块面筋扯成大片。

银耳莲子羹

🍲 做法

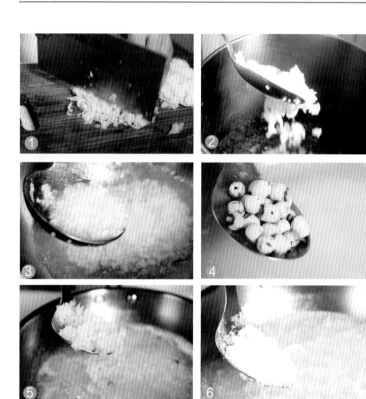

主　料	
银耳	20g
莲子	100g

配　料	
米	50g

调　料	
白糖	80g

超级啰嗦

◎干银耳、莲子要提前泡发，冷藏后口感更佳。

1. 莲子用清水泡发 2 小时。银耳泡发后剪去老蒂及杂质后切碎。

2. 锅中加入水，放入米，小火煮五分熟后加入莲子。

3. 小火烧煮，煮至八分熟左右加入银耳。

4. 煮熟之后加入白糖调味，出锅即可。

03

中式主食

ZHONGSHI ZHUSHI

阳春面

主 料

面条	500g

配 料

油菜心	30g
午餐肉	20g
姜片	5g
蒜片	6g
葱花	5g

调 料

盐	5g
酱油	15g
油	8g

🧑‍🍳 做法

  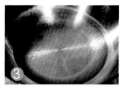

1. 蒜、姜切成小薄片，午餐肉切片，锅内加入底油烧到七成热时加上葱片、姜片，出香味后将其捞出，加水。

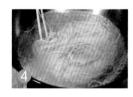  

2. 加入面条煮七分熟后，加油菜心。

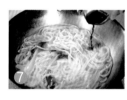  

3. 放入酱油、盐、午餐肉。
4. 煮熟后出锅，撒葱花。

超级啰嗦

◎面条要用高筋面粉制作，开水下锅，煮制筋道，不宜粘锅。

虾仁汤面

🍳 做法

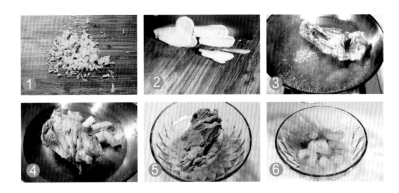

1. 葱部分切成段、部分切成末，姜部分切成片、部分切成末，锅中放水加入鸡架、香叶、八角、姜片、葱段熬制 1 小时，熬出高汤，将鸡架捞出，高汤留下备用。
2. 将虾仁剔除虾线，洗净，沥干水放入碗内，加入盐、料酒拌匀，备用。

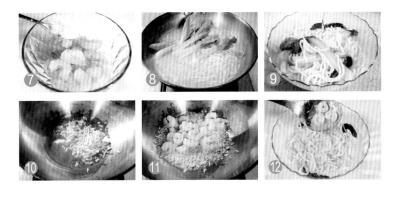

3. 将面条和油菜放入沸水锅中，煮至浮起时，加入少许冷水，待水沸时，将面条捞入碗内，加入煮沸的鸡汤。
4. 将炒锅内倒入花生油，烧至七成热时，加入葱末、姜末，放入虾仁、料酒、盐炒散，炒熟即可。
5. 在碗中放上炒好的虾仁即可。

主 料	
面条	500g
鸡架	1 块

配 料	
虾仁	200g
油菜	20g

调 料	
盐	5g
料酒	5g
香叶	3 叶
八角	8g
姜片	15g
葱段	15g

超级啰嗦

◎ 不宜使用上色较重的调味料，要求成品色泽美观。

◎ 鸡汤可用其他高汤代替，但是鸡汤更为鲜美。

◎ 在制作虾仁面时，要注意虾线的剔除方法。

鸡丝面

🍳 做法

1. 锅中放水加入鸡架、香叶、八角、姜片、葱段、盐熬制 1 小时，熬出高汤，将鸡架捞出，高汤留下备用。

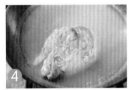  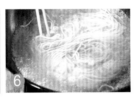

2. 锅中放水，加入鸡脯肉煮熟后捞出，将鸡脯肉撕成丝状。

3. 锅中放水，加入面条煮制七分熟，加入油菜煮熟后捞出盛入碗内。

4. 将鸡脯肉丝撒在煮熟的面条上，放鸡精、味精，锅中放油加青红椒葱花炒熟，倒入碗中。

5. 将煮好的高汤淋上，香菜末、葱花放在面条上即可。

主 料	
面条	250g
鸡架	1 块
配 料	
鸡脯肉	80g
青红椒	10g
油菜	15g
香菜	5d
葱花	6g
调 料	
盐	5g
味精	3g
鸡精	3g
香叶	3 叶
八角	8g
姜片	15g
葱段	15g

超级啰嗦

◎ 面条煮制不宜过烂。
◎ 鸡脯肉煮制的时间不宜过长，撕成的丝应粗细均匀。

骨汤米粉

 主料

米粉	500g

配料

猪骨	1 500g
鸡架	1 000g
猪肉末	150g
午餐肉	20g
金针菇 / 油菜	各 20g
鹌鹑蛋	6 个
豆皮	10g
豆芽	5g
韭菜	10g
葱姜各	10g

调料

八角	5g
香叶	2g
油	5g
盐	10g
味精	5g
鸡精	5g
辣椒油	5g
生抽	3g
老抽	3g

超级啰嗦

◎ 米粉要煮透，分次过凉口感更佳。

◎ 炒猪肉末时一定要掌握火候，避免炒焦。

🍳 做法

1. 猪骨、鸡架剁开焯水后入锅，加水、八角、香叶、葱、姜转小火慢炖 2~3 小时，加盐、鸡精、味精调味。
2. 米粉用热水稍微焯一下，捞出凉水泡透备用。
3. 将辅料清洗干净，沥干水分，其中油菜用手掰成 7~8cm 长条，午餐肉切成条，韭菜切段、豆皮切丝备用。

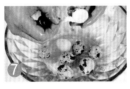

4. 将鹌鹑蛋煮好，剥皮，将葱、姜切成末。
5. 起锅放入花生油，葱、姜爆香放入猪肉末煸炒，加入盐、生抽、老抽、辣椒油、味精、鸡精炒匀后盛出。

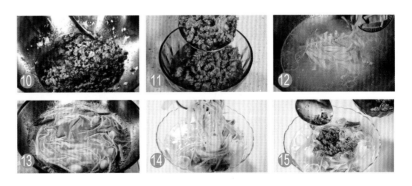

6. 在锅中放入调制好的高汤，放入米粉煮开，放豆芽、午餐肉、油菜、金针菇、豆皮、韭菜、煮好的鹌鹑蛋。
7. 煮制米线熟透后即可捞出，表面撒上炒好的肉馅。

主料：面条 300g

配料：竹笋 300g、火腿肉 100g、洋葱 50g、豆芽 15g、葱花 5g

调料：生抽 10g、盐 10g、蚝油 5g、鸡精 3g、味精 3g、色拉油 10g

笋丝炒面

🥄 做法

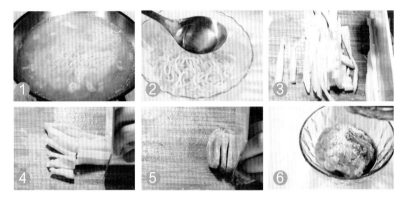

1. 将面条入沸水锅中，煮制八成熟，捞出，加入凉水（冰水适量），后沥干控水，加 4g 色拉油拌匀防粘，备用。

2. 竹笋洗净切 4~6cm 的丝，火腿肉切 5~6cm 的丝，加入盐、味精、鸡精、生抽，腌制 20 分钟。

3. 洋葱切成丁备用，另起一个炒锅，倒入油，烧热后加入洋葱，倒入腌制好的火腿丝翻炒，稍微变色后加入笋丝、豆芽，炒匀后，加入面条，一起翻炒。

4. 加入生抽、盐、蚝油、葱花调味料，将其拌炒均匀。

5. 出锅后盛入盘中即可。

超级 啰嗦

◎面条煮制不要太过，以免影响口感。

◎面条煮好后，过凉沥水，一定要用色拉油拌均匀。

◎要熟练掌握火候，切勿将火腿丝等配料炒焦。

海米葱油面

 主料： 鲜面条 300g

配料： 葱段 30g、葱花 10g、葱白 8g、海米 15g

调料： 油 160g、蒸鱼豉油 30g、盐 1g、鸡精 2g、味精 2g、辣椒油 5g、老抽 2g、

做法

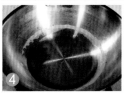

1. 小葱切成 4cm 段备用，葱白切段。
2. 将海米用温水浸发。
3. 炒锅内放油，用小火将葱段、葱白放入煎。
4. 慢慢煎，当葱色开始变黄，表皮呈微微的虎皮色时捞出葱花，加泡发好的海米煸炒一下。

5. 加盐和葱花继续煸炒至有浓郁香味飘出，关火。
6. 另起锅烧水，煮面条、捞出、沥干，过下凉水会更加爽滑、筋道。
7. 将过水面条放入锅中拌匀，与葱油、蒸鱼豉油，鸡精、味精、辣椒油、老抽拌匀即可。

超级啰嗦

◎ 炸葱油的时候，可以少放盐或者不放盐，因为最后还要加蒸鱼豉油。

◎ 葱放油锅里要小火慢慢煸，一直要将葱煸黄煸脆，火候不够或者过了都不可以，一定要将葱香味完全激发出来。

热干面

🍳 做法

1. 将鲜面条淋上香油拌匀，入蒸锅大火蒸 10 分钟，蒸好的面条用筷子抖散至晾凉（也可以入锅煮 1~2 分钟至七八成熟）。
2. 将榨菜、香葱、香菜切碎。

  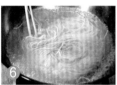

3. 把芝麻酱用香油、盐拌匀，备用，将豆瓣酱用刀切碎。
4. 晾凉的面条重新放入锅中，煮大约 15 分钟，煮熟，不宜太软，捞入碗中。

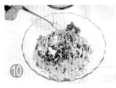

5. 锅中热油，将豆瓣酱炒香，加入榨菜炒匀后出锅，在面条上浇上炒好的酱汁，撒上蒜汁、辣椒油、味精、鸡精、榨菜、香菜和香葱，趁热拌匀即可。

主料

鲜面条	300g

配料

榨菜	40g
香葱	8g
香菜	8g

调料

豆瓣酱	25g
芝麻酱	30g
蒜汁	5g
辣椒油	6g
味精	3g
鸡精	3g
盐	6g
香油	10g

超级啰嗦

◎面条煮制时，不宜过软，以免影响口感。
◎注意酱汁的调制比例。
◎蒸出来的面条更筋道，面条自然卷曲，更好看、美观。

过桥米线

主 料	
干米线	500g
配 料	
猪骨	3斤
鸡架	2斤
鸡腿肉	20g
午餐肉	20g
金针菇 / 油菜	各20g
鹌鹑蛋	6个
豆皮	5g
豆芽	5g
韭菜	10g
姜、葱	各10g
调 料	
八角	5g
香叶	2g
油	5g
盐	10g
味精	5g
鸡精	5g
辣椒油	5g
生抽	3g
老抽	3g

🍳 做法

1. 猪骨、鸡架剁开焯水后入锅，加水、八角、香叶、葱、姜转小火慢炖 2~3 小时，加盐、鸡精、味精调味。

2. 干米线用热水稍微焯一下，捞出凉水泡透备用。

3. 将辅料清洗干净，沥干水分，其中油菜用手掰成 7~8cm 长条、午餐肉切成条，韭菜切段、豆皮切丝备用。

4. 将鹌鹑蛋煮好，剥皮，将鸡腿肉煮熟撕成肉丝。

5. 在锅中放少许油和适量调制好的高汤，放入米线煮开，放豆芽、午餐肉、油菜、金针菇、豆皮、韭菜、剥好的鹌鹑蛋。

6. 煮制米线，可依口味加辣椒油、生抽或老抽，熟透后装碗即可，表面撒上香菜、鸡丝装饰。

超级啰嗦

◎猪骨和鸡架要焯透，清理干净，避免高温发黑。
◎凉水浸泡米线时要注意盘中不可以有油类，否则会使米线口感发酸。
◎米线分为粗、细两种，可观察选用。

小笼包

🍳 做法

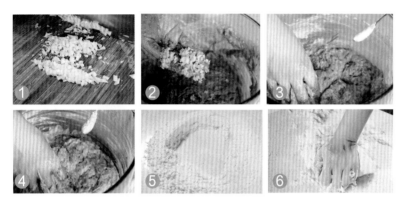

1. 将葱、姜切成末，将猪肉馅加入姜末搅拌一下，再加入鸡汁用力搅拌，待汤汁全部融入肉馅中再加入盐、味精、鸡精、酱油、蚝油、胡椒粉、白糖、香油、葱末、猪油调拌均匀成馅料。

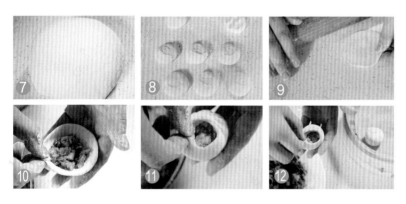

2. 面粉放在案台上挖洞，加水、酵母，和成面团，揉搓醒发、搓条、下剂（15g/个）。

3. 按扁，擀成中间厚、边缘薄的圆形皮子，包入 12.5g 一个的馅心，右手拇指与食指拿着皮子的边缘打褶，要求褶花均匀且不少于 13 个，收口时中间留一个小洞，摆入笼屉。

4. 入沸水锅中蒸 10 分钟即可。

主 料	
中筋粉	500g
猪肉馅	300g
配 料	
葱末	100g
生姜	5g
鸡汁	5g
酵母	5g
调 料	
胡椒粉	3g
盐	7.5g
白糖	5g
酱油	10g
蚝油	5g
香油	9g
鸡精	3g
味精	3g
猪油	8g

超级啰嗦

◎ 注意小笼包收口手法。

◎ 圆形皮子挑入鲜肉馅心后，将皮子边拉边转动，提捏出褶子。

主料： 面粉 500g

配料： 小香葱 350g

调料： 糖 5g、盐 10g、色拉油 300g、泡打粉 5g、酵母 8g

葱油花卷

做法

1. 面粉放在案台上，中间挖洞，放入糖、泡打粉、酵母、水和成面团，揉透均匀。

2. 小香葱洗净控水，锅中烧油，放入葱白熬制 0.5 小时后，晾凉备用。

超级啰嗦

◎ 油不要涂抹太多。
◎ 切的剂子为小长方形。
◎ 注意葱油熬制时的火候。

3. 将面团揉匀擀成厚 0.2~0.4cm 的长方形薄片，撒抹上一层葱油，撒上盐、葱花，卷折，切成小长方条，25g/ 个剂子，用筷子按压成花卷，摆入笼屉醒发。

4. 入沸水锅中蒸 10 分钟，蒸熟即可。

麻香煎包

🍳 做法

1. 中筋粉放在案台上，中间挖洞，加入糖、水、泡打粉和成面团醒发。
2. 姜、大葱去皮洗净切末，肉馅中加入姜末、水，朝一个方向快速搅拌，放入盐、鸡精、味精、蚝油、老抽、胡椒粉、香油、大葱末拌匀备用。

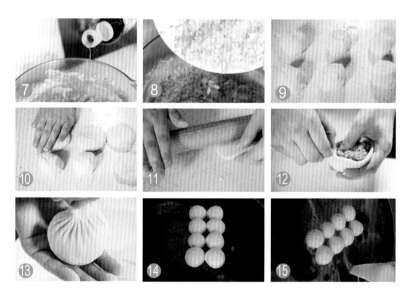

3. 将面团揉透、搓条、下剂，擀成中间厚四周薄的圆形，包入馅。右手拇指与食指拿着皮子的边缘打褶，要求褶花均匀，包捏成小笼包形状，至少要 13 个褶子收口。
4. 热锅加少许植物油和包子小火煎，底部金黄时加水加盖，包子熟透即可食用。

主　料	
中筋粉	300g

配　料	
泡打粉	5g
肉馅	200g
姜	10g
大葱	100g

调　料	
糖	5g
盐	15g
味精	3g
鸡精	3g
蚝油	5g
老抽	10g
胡椒粉	3g
香油	15g

超级啰嗦

◎ 一定要小火煎，加锅盖。

猪肉大葱包

做法

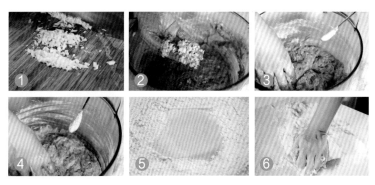

1. 将葱姜切成末，在猪肉馅加入姜末搅拌一下，再加入鸡汁用力搅拌，待汤汁全部融入肉馅中再加入盐、味精、鸡精、酱油、蚝油、胡椒粉、白糖、香油、葱末、猪油，调拌均匀成馅料。

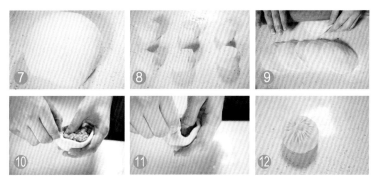

2. 中筋粉放在案台上挖洞，加水、泡打粉、酵母、白糖，和成面团，揉搓醒发至两倍大、搓条、下剂。

3. 擀成中间厚两边薄的皮，20g/ 个馅心，捏成小笼包形状，至少要13 个褶子，放在蒸笼屉醒发。

4. 入沸水锅中蒸 10 分钟，蒸熟即可食用。

主　料	
中筋粉	500g
猪肉馅	300g

配　料	
葱末	100g
姜末	5g
鸡汁	5g

调　料	
泡打粉	5g
酵母	8g
白糖	5g
盐	7.5g
味精	3g
鸡精	3g
蚝油	15g
酱油	10g
胡椒粉	3g
香油	15g
猪油	8g

超级啰嗦

◎ 面团软硬的掌控。
◎ 馅心打水的方法。
◎ 糖不能过多，少量促进发酵。

牛肉藕丁包

🍳 做法

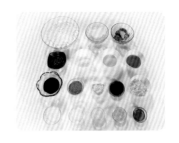

1. 中筋粉放在案台上中间挖洞，加入泡打粉、酵母、糖、水和成团。
2. 将花椒用温水泡成花椒水，将新鲜瘦牛肉剔除筋膜，清洗干净后，用刀剁成碎蓉放入盆中，将藕切成 0.4~0.6cm 的小丁，用开水焯烫一两分钟捞出过凉备用，再加入姜末、葱末、味精、花椒粉、料酒、酱油、蚝油、香油、鸡精、盐拌匀，慢慢加入花椒水，顺一个方向搅制浓稠时，

主　料	
中筋粉	500g
鲜瘦牛肉	300g

配　料	
藕	200g
葱末	12.5g
姜末	2.5g

调　料	
花椒	15g
酵母	3g
泡打粉	3g
料酒	5g
酱油	25g
花椒粉	3g
蚝油	5g
鸡精	3g
香油	9g
盐	7.5g
味精	5g
糖	5g

加入藕丁搅匀，备用。
3. 将面团揉透，搓条并切成20g左右的剂子，擀成中间厚、边上薄的圆皮，包上10g左右的馅心，用手提拉出褶子，包至少13个褶子的小笼包，摆入笼屉醒发15~20分钟。
4. 入沸水锅中，蒸熟即可。

超级啰嗦

◎调制面团软硬要适宜。
◎要选择筋质少、肉质嫩的牛肉。
◎牛肉馅里加水，打水吃浆。

一品素包

主　料

特精粉	500g

配　料

油菜心	300g
香菇	100g
姜末	5g

调　料

食碱	5g
酱油	7g
白糖	5g
精盐	15g
味精	7g
鸡精	3g
酵母	8g
猪油	10g
芝麻油	20g

超级啰嗦

◎ 调制的面团软硬程度要适宜，发酵后加碱液不要过量，达到酸碱平衡即可。

◎ 因是素馅包子，蒸制的时间不要过久，否则影响质量。

做法

1. 将油菜心洗干净后放入沸水锅内焯一下，捞出用凉水冲凉，控去水分，然后改刀切碎，用布挤干水分，放在盛器中，香菇洗净后切丁。放入沸水锅中焯一下捞出过凉，控干后放进油菜里，加上芝麻油、精盐、味精、鸡精、酱油、猪油、姜末拌匀即成素馅。

2. 将特精粉放在案台上，放入水、酵母、白糖揉匀成面团，用布盖上，静置发酵。

3. 面团发酵后，兑入适量食碱水（食碱）揉匀，搓成长条，揪成50~60个小剂子，撒点面，逐个按扁，把剂子擀成中间略厚边缘稍薄的坯皮，左手托皮，右手拿馅尺，包入馅心，捏成提褶包子形状。

4. 将包子生坯间隔一定距离放入屉内，醒制10分钟左右，用旺火蒸制11~12分钟即可。

胡萝卜鸡蛋木耳包

主　料

中筋面粉	500g

配　料

胡萝卜	400g
木耳	100g
鸡蛋	3 个

调　料

泡打粉	5g
酵母	4g
酱油	5g
盐	3g
味精	3g
鸡精	2g
油	30g

超级啰嗦

◎ 蒸好后不要着急揭锅盖，要等 5 分钟左右揭锅盖，以免包子回缩。

◎ 胡萝卜过油炒一下才能释放更多胡萝卜素，木耳可多可少，但不要超过胡萝卜一半的量。

做法

1. 鸡蛋打入碗中搅拌均匀，炒锅放油，快速翻炒，用铲子将鸡蛋炒成小碎块，盛出切碎。

2. 胡萝卜先切条状再切成丁，锅中放水把胡萝卜开水焯烫 1~2 分钟捞出。

3. 木耳提前泡发后切碎，把胡萝卜、木耳、鸡蛋拌在一起，再加盐、油、酱油、鸡精、味精搅拌均匀。

4. 面粉放在案台上挖洞，加入温水，加入酵母、泡打粉，揉匀醒发两倍大。

5. 发酵好后放面板上，提前撒些面粉，反复揉匀至光滑。搓成大小相同的剂子，按扁擀成四周薄中间厚的圆形面皮，放入馅料包成包子，二次醒发 30 分钟上锅蒸 18 分钟，5 分钟后再揭锅盖。

韭菜鸡蛋包

主 料

中筋粉	500g

配 料

鸡蛋	3 个
韭菜	500g
虾皮	30g
粉丝	10g

调 料

酵母	8g
白糖	10g
盐	5g
鸡精	8g
味精	5g
胡椒粉	2g
猪油	10g
泡打粉	5g
香油	8g

超级啰嗦

◎ 韭菜不能剁,易变味出水。

◎ 鸡蛋炒熟不能堆积,易变色。

◎ 虾皮带咸味,虾皮量大时,盐应减少量。

做法

1. 中筋粉放在案台上,中间挖洞,加泡打粉、酵母、白糖、水和成面团醒发至两倍大。
2. 鸡蛋去壳打散,入油锅炒制金黄晾凉切碎,韭菜洗净控水后切0.4~0.6cm 的小颗粒,粉丝用温水泡开切碎。

3. 韭菜、鸡蛋、虾皮、粉丝、盐、鸡精、味精、胡椒粉、猪油、香油拌匀备用。
4. 将醒发好的面团揉匀搓条、下剂、擀成皮,包入调好的馅料,包捏成柳叶包,摆入蒸笼醒发十分钟。
5. 入沸水锅中蒸 10 分钟,蒸熟即可。

鸡汁猪肉锅贴

👨‍🍳 做法

1. 将葱切成末，将猪肉馅加入姜末搅拌一下，再加入鸡汁用力搅拌，待汤汁全部融入肉馅中再加入盐、味精、鸡精、生抽、蚝油、胡椒粉、香油、姜末、猪油调拌均匀成馅料。

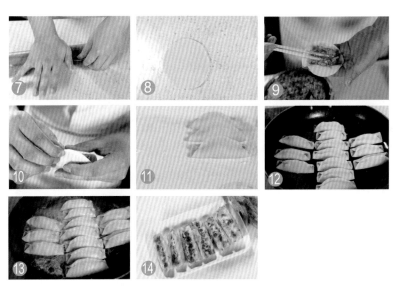

2. 面粉放在案台上挖洞，冲入沸水和成烫面团，快速分成块状，使之散热，待凉后揉成面团，搓条、下剂（15g/ 个），按扁并擀成直径为7cm 的圆皮，包入 15g 馅料捏成月牙形饺子。

3. 煎锅升温至六成热，刷入少许花生油，摆入生胚，待生胚底部呈浅黄色时，浇入面浆水，盖上锅盖焖煎 10 分钟，待底部呈金黄色时用煎铲铲出。

主 料	
面粉	500g

配 料	
鸡汁	15g
猪肉馅	500g
葱	50g
姜末	10g

调 料	
生抽	15g
胡椒粉	3g
盐	10g
鸡精	3g
味精	3g
蚝油	5g
猪油	20g
香油	5g

超级啰嗦

◎ 搅制肉馅时，要顺着一个方向搅拌，防止搅澥，影响制品质量。

◎ 包制生胚时收口要捏紧，防止煎制时出汤汁。

◎ 摆放时要有一定距离，防止煎制过程粘连。

高汤鸡丝馄饨

🍳 做法

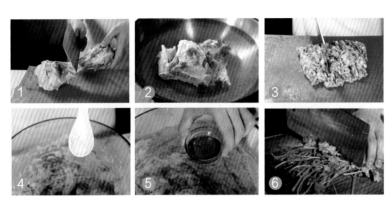

1. 将猪大骨剁成两节，放进锅中煮成高汤。
2. 猪肉洗净剁成肉泥。
3. 入盆，分次加入花椒油，顺一个方向，搅上劲后再加入酱油、精盐、姜末、味精、鸡精、蚝油、胡椒粉、芝麻油等顺时针搅拌成馅心。

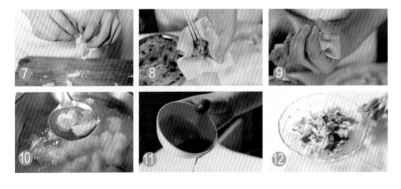

4. 把香菜清洗干净切成末，将熟鸡肉撕成细丝待用。
5. 和面团，取一张馄饨皮，用左手掌托着皮，右手拿细馅尺，取适量馅料放入皮
   子窄的一端，捏制成形。
6. 锅内水烧沸，放入馄饨，顺时针慢推搅，馄饨浮起一分钟后加入冷水盖上盖子再煮，水沸约一分钟，捞出盛入碗内，撒上香菜、鸡丝，再把烧沸后的高汤浇到碗内，根据口味加辣椒油即可。

主　料	
瘦猪肉	250g

配　料	
熟鸡肉	75g
猪大骨	一块
馄饨皮	500g
香菜	30g
姜末	5g

调　料	
花椒油	10g
酱油	25g
辣椒油	15g
精盐	5g
味精	2.5g
鸡精	5g
蚝油	10g
胡椒粉	5g
芝麻油	5g

超级啰嗦

◎ 面团揉制不能过软。

主料：低筋粉 500g

配料：盐 7.5g、干酵母 7.5g、香葱 500g

调料：白糖 100g、奶粉 7.5g、黄油 100g、油 1 500g

港式葱油饼

做法

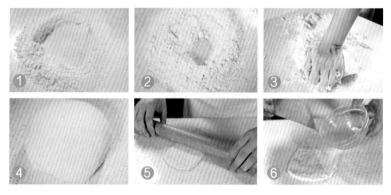

1. 将低筋粉与奶粉混合放在案台上，中间挖洞，再加入白糖、盐、干酵母、水和成面团，揉至表面光滑，放在面板上稍醒待用，分剂。

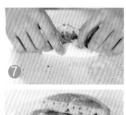

超级啰嗦

◎ 擀成薄片时薄厚要一致，卷面片时一定要卷紧，防止脱壳。

◎ 待醒好后再蒸，不要蒸得过火或者欠火，以免影响制品质量。

◎ 醒发后，面团制作出的制品口感更好。

2. 将面团擀成长方形薄片，黄油融化后均匀地刷在面片上（里侧长边缘留2cm 不刷），撒上香葱末，从外往里卷起并卷紧，最后卷到边时，在留有 2cm 的边缘处喷上少许水，卷完后整理一下，再从一端卷起，卷好后按压成饼状，放在刷油的蒸盘里稍醒 10 分钟。

3. 将醒好的面饼大火蒸制 5 分钟，取出，稍晾放入五成熟的油锅中，炸至两面呈金黄色即可捞出控油，装盘上桌。

芹香小咸食

🍳 做法

1. 将芹菜叶摘洗干净，用刀切碎，碗中放入面粉，打入鸡蛋，加入盐、清水，放入加工好的芹菜，搅拌均匀成糊状。

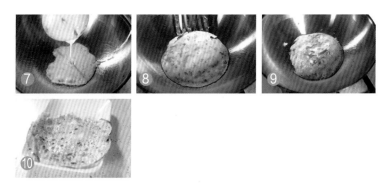

2. 煎锅内刷少许花生油，温度升至五成热，用手勺将胚料搅匀后舀取一勺倒入锅中成直径为6cm的饼状，先煎一面等挺身后再煎另一面，两面上色后即熟，盛出装盘。

主料
嫩芹菜叶　　　　　　　300g

配料
鸡蛋　　　　　　　　　一个
面粉　　　　　　　　　100g

调料
盐　　　　　　　　　　10g
花生油　　　　　　　　20g

超级啰嗦

◎芹菜可以先焯水，但不要焯过头，以免影响口感。
◎注意煎制时间及上色程度。

风味肉夹馍

主料： 精制粉 500g

配料： 硬肋肉 500g、葱姜片各 20g、青辣椒 100g、香菜 50g

调料： 干酵母 3g、泡打粉 3g、色拉油 10g、冰糖 50g、糖色 100g、
盐 20g、大料 10g、干辣椒 20g、香叶 5g、鸡精 5g、
味精 5g、酱油 10g、蚝油 10g、花雕酒 20g

做法

1. 精制粉放在案台上，中间挖个洞，加入干酵母、泡打粉、油、水和成面团，
揉至表面光滑，盖上湿布醒发 10 分钟。

2. 硬肋肉切成 5cm 见方的块状，放入锅中，其余原料放进锅中，大火烧
开，改用小火煮制 1 小时左右即可。

3. 面团下剂（100g/ 个），搓成细长条，擀成 15cm 长，从一边卷起呈
螺旋状，再擀制成直径 10cm 的圆饼，平底锅加热至六成热，放入饼
胚两面呈金黄色花纹时即可取出，把面饼从中间片成面夹。

4. 煮制好的肉块、青辣椒、香菜切碎放入饼中，淋入少许肉汤，即可食用。

超级啰嗦

◎生胚烙制时温度不能
过低，否则制品发干，
影响口感。

◎煮制肉块时必须配料
齐全。

主料：面粉 250g

配料：牛奶 50g、广式腊肠 500g

调料：糖 20g、泡打粉 4g、酵母 2g

广式腊肠卷

做法

1. 将酵母用温水化开静置 5 分钟，加入牛奶、糖、泡打粉把面粉和匀。

2. 和好的面团静置 10 分钟后揉至光滑，醒发至 2 倍大。

3. 面团排气后擀开，对叠三层，擀开后再对叠重复三四次。

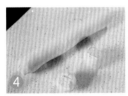  

4. 最后一次擀开后，卷起来切开，大小均匀。

5. 取一个面团搓成长条，包在腊肠外面，放入蒸锅中，水开冒蒸气后转中火蒸 15 分钟，关火焖 7~8 分钟后揭盖即可。

超级啰嗦

◎ 面卷放到蒸架上，每个之间留足够的空隙，因为蒸后会发大。

◎ 盖上锅盖醒发至体积比原来一倍大后开火蒸。

花生蜜饯汤圆

🍳 做法

主　料

水磨糯米面	500g

1. 将花生仁、腰果放入烤箱，200℃，烤制表面变色取出，将花生皮剥掉。

2. 将糯米面过筛，中间挖洞，加入水、白和成面团即可。

3. 将腰果和花生仁擀碎，将红丝蜜饯和绿丝蜜饯切碎。

配　料

花生仁	50g
腰果	50g
红丝蜜饯	60g
绿丝蜜饯	60g

调　料

猪油	50g
白糖	100g

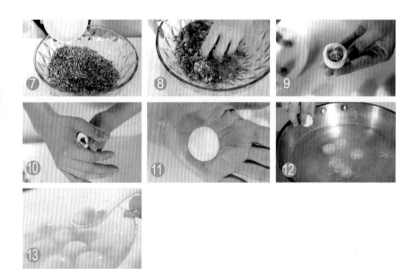

4. 将花生碎、腰果碎、红绿蜜饯碎、白糖、猪油一起搅拌，用手搓成带黏性的团块，再切成大小相等的馅心备用。

5. 将和好的面团下剂，包住馅心。

6. 锅中放水，烧开，下入汤圆。

7. 煮熟后捞出。

超级啰嗦

◎下锅后，要及时用手勺从底推动，防止堆锅、粘连。

◎糯米面团要稍微硬一些。

酱油炒饭

主　料

米饭	300g

配　料

鸡蛋	一个
牛肉丁	50g
葱	10g
黄瓜	100g
胡萝卜	100g

调　料

酱油	30g
白糖	12g
蚝油	8g
鸡精	3g
味精	3g
盐	2g

超级啰嗦

◎不要用热米饭，不要用香米，普通大米即可。

做法

1. 将黄瓜、胡萝卜切丁，葱切末。

2. 用勺子压开结团的米饭，将鸡蛋放在碗中打匀，锅中放油，加入打散的鸡蛋，炒七分熟后捞出。

3. 烧热炒锅，加入玉米油、葱花爆香。

4. 加入牛肉丁、盐、鸡精、味精、酱油、蚝油、白糖炒匀后，转小火加入胡萝卜丁、黄瓜丁、鸡蛋、米饭，转大火快速翻炒，边翻边颠锅。

5. 快速颠炒均匀，起锅、装盘。

杂粮煎饼

👨‍🍳 做法

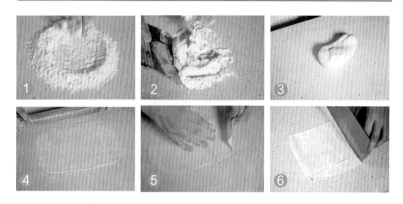

1. 取出 50g 面粉放在案台上，加水和成面团，下剂擀成长方形薄片，再从中间切开修成正方形。

2. 锅中热油，七成热的时候，下面片炸制金黄捞出。
3. 全麦粉和面粉混合，用水搅拌成糊状。
4. 锅底热油，加入蒜末、姜末，爆香后加入榨菜炒熟后盛出。
5. 锅中热油，加入蒜末、姜末爆香后，加入海鲜酱、香辣酱、叉烧酱、蚝油、鸡精、味精、排骨酱，小火炒香后盛出备用。
6. 平底锅中刷一点油，放面糊，摊成薄饼。
7. 上面倒入鸡蛋清（也可以是全蛋），摊平，四周刷上酱。
8. 撒葱末、香菜末、榨菜后上面放脆饼。
9. 趁热裹好即可。

主 料	
全麦粉	50g
面粉	100g

配 料	
海鲜酱	20g
香辣酱	20g
叉烧酱	20g
排骨酱	20g
榨菜	50g
葱末	20g
香菜	20g
姜末	10g
蒜末	10g
蛋清	2个

调 料	
蚝油	5g
鸡精	3g
味精	3g

超级啰嗦

◎用平时的锅铲是不行的，要用三角形木铲，宽度 10cm。

◎饼要尽量摊薄。

04

西式主食

XISHI ZHUSHI

法式奶香片

主　料

法棒	1 根
鸡蛋	150g
黄油	30g
夹心油	20g
砂糖	20g
淡奶油	80g

辅　料

炼乳	15g

🍳 做法

1. 黄油和夹心油隔水化开。

2. 鸡蛋和砂糖打散后加入淡奶油、炼乳打均匀。

3. 最后将油热至 50℃左右，加入打好的液体，中速打至均匀即可。

4. 将法棒切 2cm 的片，泡在液体中 2~3 秒拿出（法棒表面沾上即可）。

5. 放盘入炉，上火 180℃，下火 190℃，烤制 10 分钟呈金黄色即可。

◎ 化油时水温在 75℃左右最好。

◎ 鸡蛋和砂糖打匀即可，不可打发。

◎ 油温需 50℃左右，不可过高或过低。

主料： 白吐司 1 条、黄瓜 1 根、生菜 10g、方火腿丁 300g、玉米粒 200g、沙拉酱 200g

蔬菜三明治

🍳 做法

1. 方火腿切丁（5×5mm）备用，白吐司切 1cm 厚的片备用，黄瓜切 3~5mm 的片备用。

2. 取一片白吐司为底，上面放黄瓜片，挤沙拉酱。

3. 在上一步的基础上放白吐司、生菜，挤上沙拉酱。

4. 放白吐司，上面放玉米粒和火腿丁，挤上沙拉酱。

5. 去掉边缘部分，对角切即可。

超级啰嗦

◎ 沙拉酱不宜过多，否则影响口感，每次挤 10~15g。

◎ 黄瓜、生菜用前需洗净。

◎ 黄瓜 2~3 片、生菜 1 片为宜，火腿丁、玉米粒铺满吐司的三分之二为宜。

杂粮软欧

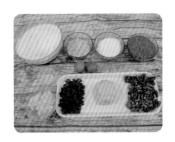

🍳 做法

1. 将高粉、砂糖、奶粉、香粉、杂粮粉、改良剂放入缸中低速搅匀。

2. 加入酵母低速搅匀。

3. 加入打散的鸡蛋后分 3~4 次加入水，低速搅至表面无干粉后加入老面，快速打至 7~8 成（抻开后有明显的面筋薄膜，有明显的锯齿）。

4. 加入盐与夹心油、烤焙油，低速打至表面无油块后，快速打至 10~11 成（抻开薄膜光滑透亮无锯齿，且双手拉开面团会下坠）。

5. 成型 300g/ 个，双手面团向里包出光面，收口向下放入烤盘中，醒发温度 30℃，湿度 65%，35 分钟后拿出，轻拍面团，排出空气后进行二次醒发，温度 35℃~40℃，湿度 70%~75%，时间 40 分钟，用手摸不会弹起表示醒好。

6. 入炉烘烤 200℃，20 分钟。

主 料	
高粉	800g
老面	200g
砂糖	70g
奶粉	45g
鸡蛋	2 个
杂粮粉	200g

辅 料	
盐	12g
香粉	15g
改良剂	5g
夹心油	80g
烤焙油	60g
酵母	5g

超级啰嗦

◎ 必须将面团打成半流体状，程度要掌握好。

◎ 如果成型后面团粘手，可以粘少许面粉，但不可粘油。

◎ 烤制出炉后，装盘排热空气，防止面包收腰。

美味餐包

主　料

高粉	1000g
砂糖	150g
奶粉	50g
改良剂	8g
酵母	20g
吉士粉	50g
蜂蜜	50g
鸡蛋	150g
水	370g
黄油	110g

辅　料

香粉	5g
盐	13g

超级啰嗦

◎分次加入水，每次为100~150ml。

◎烤制出炉后必须摔烤盘，排出热空气，防止收腰。

◎根据烤箱合理掌握时间。

做法

1. 将高粉、砂糖、奶粉、香粉放入缸中，中低速搅拌均匀。

2. 加入改良剂、酵母低速搅匀。

3. 蜂蜜、鸡蛋打匀后加入吉士粉低速搅匀。

4. 分次加入水搅拌至无干粉后快速打至 7~8 成（抻开后有明显的面筋薄膜，有明显的锯齿状）。

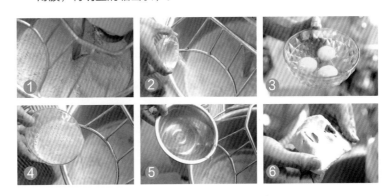

5. 加入黄油和盐，低速搅匀至表面无黄油块后，改快速打至 9~10 成（抻开后表面光滑筋度适中，薄膜透明边缘光滑无锯齿）。

6. 成型，分剂 35g/ 个。

7. 搓圆，手成爪状以顺时针方向搓圆，使表面光滑无气泡，收口向下，醒发温度 35℃，湿度 75%，约 50 分钟，手触面后不会弹起即可。

8. 表面干皮后刷蛋液，165℃烤制 15 分钟。

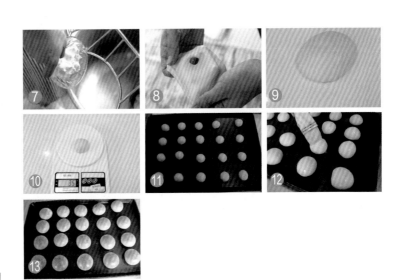

提子软欧

🍳 做法

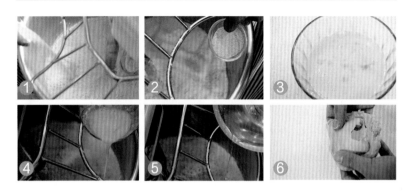

1. 将高粉、砂糖、奶粉、全麦粉、可可粉、改良剂放入缸中低速搅匀。
2. 加入酵母搅匀。
3. 鸡蛋打散加入搅匀。
4. 分 3~4 次加入水搅拌至无干粉后快速打至 7~8 成（抻开后有明显面筋薄膜，有明显锯齿）。

5. 加入黄油和盐低速打至表面无结块后，改快速打至 10~11 成（抻开后面筋薄膜光滑透亮且双手拉开面团时面团会下坠）。
6. 成型 300g/ 个，面团向里包出光面，收口向下放入烤盘中，第一次醒发温度 30℃，水分 65%，醒发 35 分钟。后成型，轻卷面团，轻拍排出空气，擀面杖放于面团向下三分之二处，擀 4~5 下即可，翻面底部双手拉鱼尾，把提前泡好的提子和核桃仁包进去，进行第二次醒发，醒发温度 35℃ ~40℃，水分 70%~75%，时间 40 分钟，用手摸面不回弹即可。
7. 入炉 200℃，烘烤 20 分钟。

主 料

高粉	1000g
砂糖	80g
奶粉	40g
鸡蛋	2 个
全麦粉	40g
黄油	80g
核桃仁	100g
提子	200g

辅 料

盐	16g
可可粉	4g
酵母	18g
改良剂	5g

超级啰嗦

◎ 用提子和核桃仁提前泡朗姆酒备用。

◎ 排空气时不可用力，排出大空气即可。

◎ 分次加入水，每次为 150~200g。

大列巴

主料

高粉	600g
全麦粉	50g
白糖	70g
啤酒	400g
核桃仁	50g
提子干	50
黄油	70g
黑芝麻	25g
白芝麻	25g

辅料

改良剂	5g
可可粉	10g
酵母	10g
盐	12g
白油	15g

超级啰嗦

◎ 排气时不可太过用力，排出大气泡即可。

◎ 划刀时用刀尖，不可叠刀。

◎ 加啤酒时需搅匀后再加下一次。

◎ 烤制出炉后摔烤盘排热空气，防止收腰。

🍳 做法

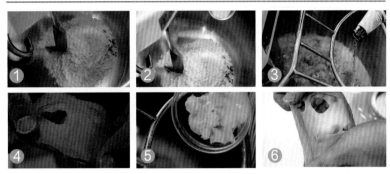

1. 将高粉、全麦粉、白糖、改良剂、可可粉加入缸中低速搅匀。
2. 加入酵母低速搅匀。
3. 分 3~4 次，每次加入 100~150 毫升啤酒打至表面无干粉，改快速打至 7~8 成（抻开后有明显面筋薄膜，有明显锯齿）。
4. 将黄油、白油、盐加入打至表面无结块后，改快速打至 9~10 成（抻开后表面光滑）。

5. 加入核桃仁、提子干和黑白芝麻，低速搅匀取出。
6. 分剂 200g/ 个。

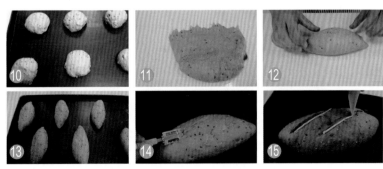

7. 分好剂的面团搓圆，手成爪状顺时针方向旋转，使表面光滑无气泡，收口向下，醒发温度 25℃，湿度 65%，时间 30 分钟。
8. 醒发到用手触摸腰部不会弹起或弹性很小，用手轻拍面团排气，做成长橄榄状，包起二次醒发，温度 35℃，湿度 75%，时间 50 分钟。
9. 醒发到用手触摸腰部不会弹起或弹性很小后，随意划刀用裱花袋在裂口处挤黄油。
10. 上火 160℃，下火 180℃，烤制 20~30 分钟颜色略微发深即可。

05

凉 菜

LIANGCAI

香芹拌银耳

主 料	
香芹	50g
银耳干	30g

配 料	
枸杞	10g

调 料	
盐	5g
味精水	6g
白醋	3g
花椒油	5g

超级啰嗦

◎ 选择的原料一定要新鲜。

 做法

1. 将银耳干温水泡发后手撕成不规则形状，香芹切段，枸杞用温水泡一下。

2. 锅中加入水煮开，下入银耳、香芹段、枸杞，煮熟后捞出。

3. 放入盐、味精水、白醋、花椒油，拌匀即可。

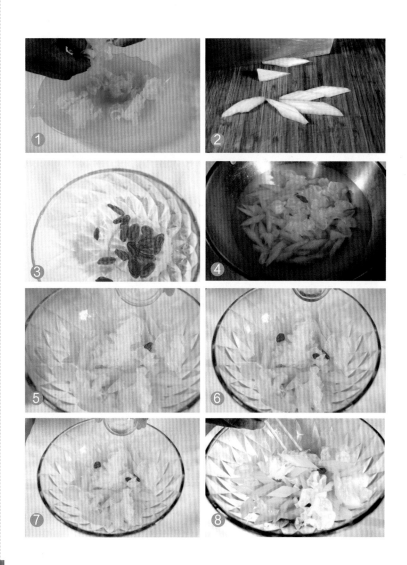

椒油地皮菜

主　料

地皮菜	200g

配　料

葱	20g
蒜	9g

调　料

盐	5g
白醋	5g
花椒油	5g
红油	6g

🧑‍🍳 做法

1. 地皮菜摘洗干净，用温水泡发，锅中加入油、盐、水，放入泡发好的地皮菜煮沸，捞出控干水分。

2. 蒜切成蒜末，葱切成葱花。

3. 放入盐、白醋、花椒油、红油、葱、蒜拌匀，盛出即可。

◎地皮菜要用温水泡发。

◎注意地皮菜煮制的时间不宜过长，否则容易老。

凉拌榨菜丝

🍳 做法

主　料	
榨菜	150g

配　料	
青椒丝	10g

1. 将榨菜改刀成 6~8 厘米的丝。

2. 锅中放水，烧沸后，将切好的榨菜丝用冷水泡一下以去除多余的盐分。锅中放水，放榨菜丝和青椒丝煮沸捞出过凉。

3. 装盘即可。

◎榨菜多余的盐分要去除。

主料： 尖椒 250g

配料： 香菜 50g、葱 100g、枸杞 4g

调料： 盐 5g、味精水 6g、白醋 8g、香油 5g

老虎菜拌三丝

做法

1. 将所有原材料摘洗干净备用，将尖椒用刀切开，去掉里面的经络，切丝。

2. 葱切丝，香菜切小段。

3. 将尖椒丝、葱丝、香菜段放在碗里，放入盐、白醋、味精水、香油，拌匀后装盘，放枸杞点缀即可。

超级啰嗦

◎ 选择的原料一定要新鲜。

冷拌佛手瓜

🍳 做法

1. 佛手瓜、红椒洗净，菊花冷水浸泡。

2. 将佛手瓜切成6cm的丝，红椒去掉里面的筋络后切成6cm的丝。

3. 锅中放水，煮沸后放佛手瓜和红椒丝，煮熟后捞出过凉。

4. 加盐、味精水、白醋、香油腌制，入味后装盘，撒菊花即可。

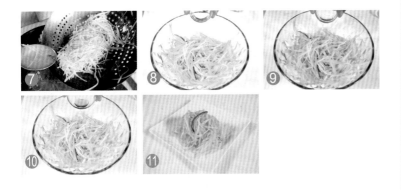

主 料	
佛手瓜	200g

配 料	
菊花	一朵
红椒	15g

调 料	
盐	6g
味精水	6g
白醋	5g
香油	3g

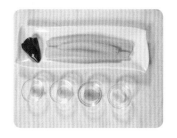

冷拌西芹

🍳 做法

主　料
西芹　　　　　　150g

配　料
红椒　　　　　　15g

调　料
盐　　　　　　　3g
味精水　　　　　6g
白醋　　　　　　3g
花椒油　　　　　5g

1. 将西芹洗净去皮，改刀成 3cm 左右的段，红椒去掉里面的经络，改刀成菱形块。
2. 锅中放入少量的油、大量的水，并加入 1g 盐煮开，放入西芹段、辣椒煮熟后捞出晾凉。
3. 放入盐、味精水、白醋、花椒油拌匀。
4. 装盘即可。

◎西芹煮的时间不宜过长。
◎注意把控西芹的颜色、质地。

牛肝菌拌肚丝

 做法

1. 去除主料多余的油脂，牛肝菌摘洗干净，猪肚改刀切6厘米的丝。

2. 牛肝菌切4厘米的丝，蒜切成茸。

3. 锅中放水煮开，下入猪肚、牛肝菌，煮熟后捞出，锅内加油，下入猪肚将水分煸炒出来。

 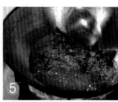 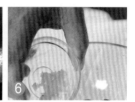

4. 出锅，放入盐、味精水、香油、醋、蒜茸拌匀。

5. 装盘放香菜末、剁椒等点缀即可。

主料

熟猪肚	250g

配料

牛肝菌	100g
大蒜	6g
香菜末	3g
剁椒	3g

调料

盐	5g
味精水	6g
香油	5g
醋	10g

麻辣牛肉丝

🍳 做法

主 料

牛肉	500g

调 料

盐	8g
豆瓣酱	15g
味精	3g
鸡精	3g
八角	5g
香叶	1g
桂皮	3g
泰椒	4g
麻椒粉	6g
红油	6g
老抽	5g

超级啰嗦

◎ 牛肉纤维较粗，制作时用手撕成型。

1. 锅中放冷水，加入泰椒、八角、桂皮、香叶、豆瓣酱、老抽、盐等，水煮沸后改小火煮牛肉，捞出晾凉。

2. 将牛肉切撕成丝，加入盐、味精、鸡精、麻椒粉、红油。

3. 拌匀装盘即可。

泰式冬瓜脯

主　料

冬瓜	500g

配　料

海米	100g

调　料

盐	3g
白糖	20g
小米椒	8g
蓝莓酱	8g

做法

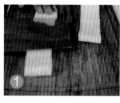  

1. 将冬瓜去皮去籽，切成 2cm 厚的薄片，海米用温水泡发。

2. 小米椒剁碎。

 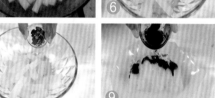

3. 锅中放水煮开，将冬瓜放入煮熟后捞出。

4. 放盐、白糖、小米椒拌匀。

5. 将蓝莓酱、海米撒在冬瓜上。

超级啰嗦

◎ 要选用味道清淡、体型较小的冬瓜，焯水时注意时间把控。

五香酥黄花

🥢 **主料：** 黄花鱼 500g

调料： 盐 6g、味精 3g、糖 20g、大料 4g、葱姜蒜各 15g、辣椒 3g、生抽 15g、醋 15g、耗油 8g

👨‍🍳 做法

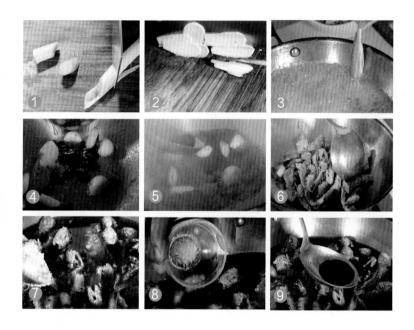

超级
啰嗦

◎ 选用体型均匀的小黄花鱼，初加工处理要干净。

1. 黄花鱼宰杀，清洗干净，葱切段，姜切片。

2. 锅中放油烧至 7 成热，放黄花鱼炸制金黄色，捞出。

3. 锅内留底油，放入葱、姜、辣椒炝锅，加入清水，放入生抽，加入炸好的黄花鱼，加入盐、糖、蚝油、醋、生抽、味精、大料大火烧开，转小火，炖一小时捞出。

4. 装盘即可。

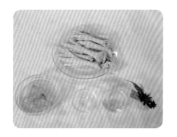

泡椒凤爪

主 料	
鸡爪	500g

配 料	
泡椒水	500g

调 料	
盐	15g
味精	6g
葱段	8g
姜片	5g
料酒	10g
大料	5g
香叶	1g
泰椒	2g

超级啰嗦

◎ 制作时，原料初加工要处理得当，火候要控制得当。

🍳 做法

1. 将鸡爪去除爪尖并清洗干净，将泡椒水冰镇。

2. 锅中放水，并加入鸡爪、盐、味精、葱段、姜片、料酒、大料、香叶、泰椒，将泡椒水中的辣椒捞出 100g 放入锅中，煮制成熟捞出。

3. 将鸡爪放进冰镇好的泡椒水中浸泡一小时。

4. 装盘。

菊花笋丝

主　料	
生笋	500g

配　料	
红椒	15g
鲜菊花	一朵

调　料	
盐	6g
味精水	6g
白醋	10g
花椒油	10g

超级啰嗦

◎ 要选择水分较大的青笋。

🍳 做法

1. 将生笋去掉茎叶和表皮，改刀成 8cm 的丝。

2. 将红椒洗净后去掉筋络，改刀成丝后用冷水浸泡，鲜菊花洗干净后用冷水浸泡。

3. 碗中放入笋丝、红椒丝，加入盐、味精水、白醋、花椒油，拌匀盛出。

4. 最后撒上菊花瓣即可。

蒜泥茄子

🥢 **主料：** 茄子 500g

配料： 大蒜 20g（泰椒段 3g，不吃辣可不放）

调料： 盐 4g、味精水 10g、白醋 10g、香油 5g

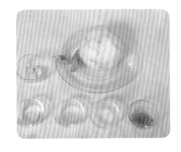

👨‍🍳 做法

超级啰嗦

◎ 要用嫩度较大的茄子。
◎ 根据喜好可用红皮蒜或者白皮蒜。

1. 茄子洗净去皮，切成大片，上火蒸至软烂后取出晾凉，将大蒜拍碎切成末。

2. 在茄子里放蒜、泰椒段，将茄子碾碎。

3. 放入盐、味精水、白醋、香油拌匀。

4. 装盘放入冰箱中冷藏一小时口感更佳。

主料： 藕 500g

配料： 枸杞 5g、姜片 8g、

调料： 盐 8g、味精水 10g、白醋 15g、姜汁 10g

姜汁藕片

🍳 做法

1. 藕去皮洗净，切成 3mm 厚的片，将姜切成末。

2. 锅中放水煮沸，下入藕片煮熟后捞出晾凉。

3. 在藕片中放盐、味精水、白醋、姜汁、姜末拌均匀。

4. 盛出加入枸杞即可。

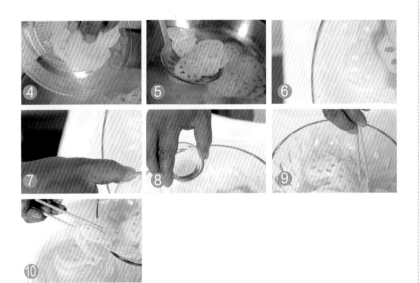

超级啰嗦

◎要选用质地脆嫩、清洁度高的藕。

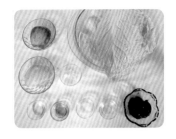

韩国泡菜

主 料

大白菜	500g

配 料

梨	100g
苹果	90g

调 料

白糖	10g
盐	10g
味精水	5g
韩国辣酱	30g
白醋	5g
姜汁	5g

超级啰嗦

◎ 制作时，酱料涂抹要均匀。

做法

1. 将苹果和梨捣碎放入韩国辣酱中，大白菜洗净后在表面抹上盐腌制。

2. 将大白菜捞出挤干水分，在表面均匀地抹上韩国辣酱、白糖、盐、味精水、白醋、姜汁。

3. 将抹好的白菜卷起来，密封 3~4 天后即可食用。

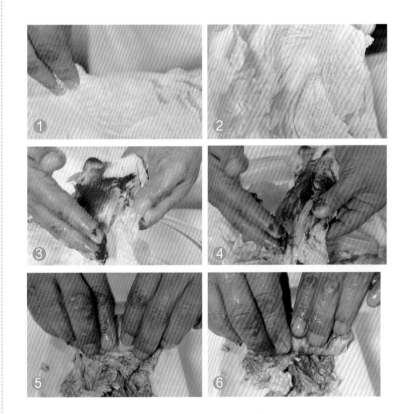

猪皮冻

做法

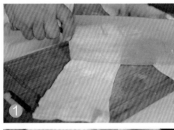

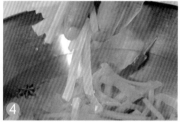

1. 去除猪皮上的附毛及油脂。

2. 将猪皮洗净后改刀成 0.5cm 宽、6cm 长的条。

3. 锅中放清水和所有的调料，放入切好的猪皮，大火烧开转小火煨
   至黏稠，倒入容器冷却后，撒入蒜蓉汁即可。

主 料	
猪皮	500g

配 料	
蒜泥汁	15g

调 料	
盐	25g
味精	5g
料酒	10g
葱	10g
姜	10g
大料	5g
辣椒	3g
桂皮	3g
香叶	3g
老抽	5g

超级啰嗦

◎ 制作猪皮冻时，可
选择不锈钢材质的炒
锅。

◎ 熬制猪皮时，水开
后转用小火。

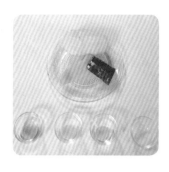

主料： 土豆 500g

配料： 红椒 20g、青椒 20g

调料： 盐 6g、味精水 10g、白醋 10g、花椒油 10g

拌土豆丝

做法

1. 将土豆去皮洗净，切成丝。
2. 锅中放水，煮沸加入土豆丝，焯熟后过凉水，控干，青、红椒切丝，放在炒好的土豆丝上。

3. 下入盐、味精水、白醋、花椒油，拌匀即可。

超级啰嗦

◎ 小土豆凉拌后口感更脆爽。

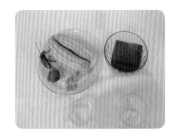

苦尽甘来

主 料

苦瓜	250g

配 料

山楂糕	200g

调 料

盐	15g
味精	6g

超级啰嗦

◎选择食材时，选用嫩度较大的苦瓜。

◎注意控制好苦瓜焯水的时间。

 做法

1. 苦瓜洗净去籽、去皮，山楂糕切成 0.2cm 的片后切成条。

2. 锅中放水煮沸，将去籽的苦瓜整根放入，煮熟后捞出。

3. 将整根苦瓜放盐、味精腌制，然后插入山楂条放冰箱冷藏 1 小时。

4. 取出改刀切成片，装盘。

三味瓜条

🍳 做法

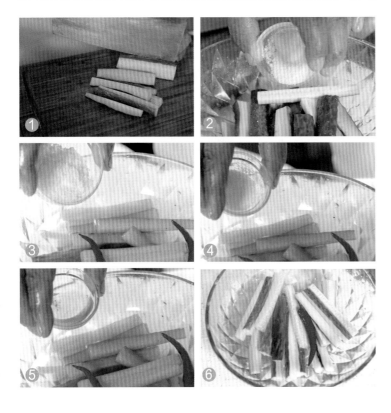

主　料	
黄瓜	500g

调　料	
白糖	50g
白醋	20g
盐	10g
辣椒	10g

1. 先将黄瓜清洗干净，改刀切成 8cm 的车间条，加入盐、辣椒腌制一小时后捞出挤干水分。

2. 碗中放入黄瓜、水、白糖、白醋、盐。

3. 将主料放进晾凉的调料水中，浸泡 12 小时以上。

4. 装盘即可。

超级啰嗦

◎制作完成后，可放置冰箱冷藏 3~5 分钟再食用。

五香酥带鱼

🥢 **主料：** 带鱼 500g

配料： 葱姜各 20g

调料： 盐 2g、料酒 3g、大料 4g、干辣椒 5g、生抽 50g、陈醋 70g、蚝油 10g

🍲 做法

超级啰嗦

◎ 带鱼选用中段。煎带鱼时，注意油温不宜太低。

1. 宰杀带鱼，清洗干净，葱切段，姜切片。

2. 锅中放油，烧到七成热，放入宰杀清洗好的带鱼，煎制金黄色捞出。

3. 锅内留底油，放入葱、姜，加入清水，放入所有的调料和主料，大火烧开后转小火 1~2 小时。

4. 盛出装盘即可。

主料： 绿甘蓝 500g

配料： 胡萝卜 50g、黄瓜 50g、木耳 15g

调料： 白糖 50g、白醋 20g、盐 6g、麻油 8g、辣椒 8g

四川泡菜

🍳 做法

1. 绿甘蓝摘洗干净，手撕成不规则块状，胡萝卜去皮，黄瓜切成 4cm 的长条。
2. 锅中放油，辣椒切段，温油炸制辣椒油。
3. 锅中放水，煮沸后加入绿甘蓝、胡萝卜、黄瓜、木耳，锅中水再次沸腾后捞出。

4. 放入白糖、白醋、盐、麻油、辣椒，拌匀即可。

超级啰嗦

◎ 要选用质地脆爽的原料。

丁香鱼拌时蔬

主 料	
时蔬	250g

配 料	
丁香鱼	50g
红椒	10g

调 料	
味精水	6g
白醋	10g
盐	5g
葱油	10g
蒜	6g

超级啰嗦

◎ 可根据季节来选择不同的蔬菜。

👨‍🍳 做法

1. 所有原料摘洗干净，将红椒切丝、蒜切末。

2. 将味精水、白醋、盐、葱油、蒜末与时蔬拌匀。

3. 将丁香鱼打开，均匀撒在拌好的时蔬上。

冷炝甘蓝丝

👨‍🍳 做法

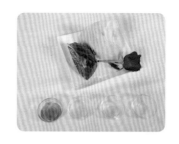

主　料	
绿甘蓝	300g
紫甘蓝	200g

调　料	
盐	10g
味精水	6g
白醋	10g
花椒油	10g

1. 将原料洗净，将绿甘蓝、紫甘蓝切成 8cm 的丝。

2. 锅中放水、油、盐，煮沸后，先下绿甘蓝，煮熟后捞出过凉，再放入紫甘蓝，煮熟后捞出，过凉，分别装盘，分别放入盐、味精水、白醋、花椒油拌匀。

3. 装盘即可。

超级啰嗦

◎ 在焯水加工时，一定要注意保护甘蓝的颜色。

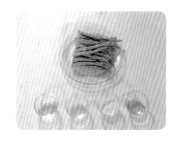

凉拌芦笋

主料

芦笋 250g

调料

盐 10g
味精水 6g
白醋 10g
花椒油 10g

超级啰嗦

◎芦笋要选择嫩度高的，焯水时要注意保护芦笋的颜色和口感。

🍳 做法

1. 先将原料洗净，锅中放油、盐、水煮沸后下入芦笋，煮熟后捞出，晾凉码齐。

2. 倒入盐、味精水、白醋、花椒油腌制。

3. 腌制入味后摆盘即可。

炝拌芥菜丝

做法

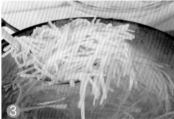

主 料	
芥菜	250g

配 料	
尖椒	50g

调 料	
醋	10g
味精水	6g
盐	6g
生抽	6g
香油	5g
花椒油	8g

1. 芥菜洗净改刀切成 8cm 的丝状，用冷水浸泡。

2. 尖椒去除里面的筋络切丝，锅中放水，煮沸，将芥菜丝、尖椒丝放入焯水捞出。

3. 放入醋、味精水、盐、生抽、香油、花椒油，拌匀即可。

超级啰嗦

◎芥菜要选用辛辣味较浓的，刀工处理时，改刀要均匀，焯水时间不宜过长。

双味萝卜丝

主 料	
白萝卜	500g

配 料	
泰椒	10g

调 料	
白糖	20g
白醋	10g
盐	5g

🍳 做法

1. 白萝卜洗净去皮，切成 0.8mm 的片。

2. 白萝卜改刀成 8cm 的丝，冷水浸泡 10 小时，去掉白萝卜的底味。

3. 泰椒切小米粒，将白萝卜捞出，放白糖、白醋、盐。

4. 放入冰箱冷藏后装盘，撒上泰椒粒。

虾皮拌紫菜

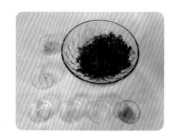

做法

主 料	
干紫菜	200g

配 料	
虾皮	15g
蒜	6g

调 料	
盐	6g
味精水	5g
白醋	10g
花椒油	5g

1. 先将干紫菜温水泡开后沥干水分。

2. 温水将虾皮泡开，蒜切成末。

3. 将虾皮、蒜、盐、味精水、白醋、花椒油放入主料中，搅拌装盘即可。

超级啰嗦

◎ 挑选紫菜时，选择质地好的。紫菜具有利尿、降血脂等功能。

06

西式沙拉

XISHI SHALA

牛肉末土豆泥沙拉

做法

主　料

熟牛肉	50g

配　料

土豆	一个
胡萝卜	30g
豌豆	10g
玉米粒	15g
小番茄	15g
清水榄	5g
黑水榄	5g

调　料

蛋黄酱	5g
黑胡椒	3g
淡奶油	30ml
盐	5g

1. 豌豆、玉米粒分别下锅煮熟后捞出，将熟牛肉切成粒。
2. 土豆洗净放入深口锅中，煮熟，去皮。
3. 将土豆块放入容器中碾成泥，加入淡奶油、蛋黄酱、盐，搅打细腻。
4. 胡萝卜切成丁，将全部的胡萝卜丁、牛肉粒、玉米粒、豌豆放进土豆泥里搅拌均匀。

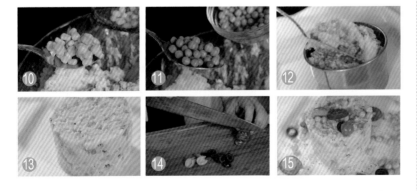

超级啰嗦

◎ 控制牛肉粒的成熟度。

◎ 控制土豆泥的碾压度。

5. 将土豆泥放进模具里压实，扣出。将清水榄、黑水榄、小番茄对半切。
6. 用清水榄、黑水榄、小番茄及剩余的豌豆、玉米粒装饰，撒上黑胡椒即可。

 主料：金枪鱼 100g

配料：苦菊 20g、生菜 10g、紫甘蓝 15g、小番茄 10g

调料：橄榄油 5g、蛋黄酱 10g、红鱼子酱 8g、黑鱼子酱 8g、盐 2g、黑胡椒 3g

金枪鱼蔬菜沙拉

🍳 做法

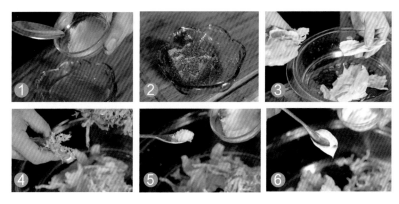

1. 将金枪鱼放入碗中，加入橄榄油、盐、黑胡椒抹匀腌制 30 分钟。

2. 生菜、紫甘蓝、苦菊洗净用手撕碎，用淡盐水浸泡，沥干水分放在碗中，放入盐、橄榄油、蛋黄酱，拌匀盛出。

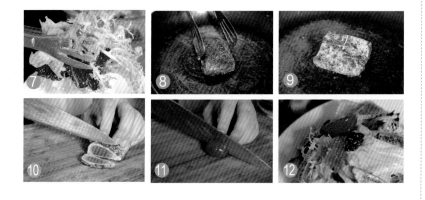

3. 金枪鱼浸泡控干水分，锅中放油，将金枪鱼煎制表面金黄，盛出后切片，小番茄对半切。

4. 将金枪鱼放入盘中，放上黑鱼子酱、红鱼子酱、小番茄。

5. 搅拌均匀即可。

超级啰嗦

◎可放一勺芥末。

◎注意制作菜肴的时间、程度。

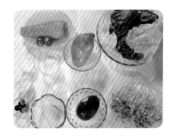

牛油果蔬菜鸡蛋沙拉

🍳 做法

主 料	
牛油果	150g

配 料	
生菜	10g
紫甘蓝	10g
苦菊	20g
胡萝卜	100g
鸡蛋	1 个
小番茄	6g
土豆	100g
清水榄	10g
黑水榄	10g

调 料	
蛋黄酱	50g
盐	3g
糖	2g

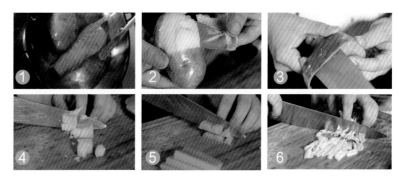

1. 将胡萝卜和土豆放进锅里用水煮熟,捞出后去皮,切成丁。
2. 生菜和紫甘蓝切成丁,小番茄对半切。
3. 鸡蛋煮熟剥皮切成丁。

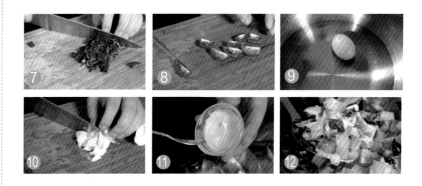

4. 将生菜、紫甘蓝、胡萝卜、鸡蛋、土豆、小番茄(留下两瓣装饰)放进碗中,加入盐、糖、蛋黄酱拌匀备用。
5. 牛油果去皮切核,切 1 厘米的片,放进模具底部。
6. 放入拌好的沙拉压实脱模,旁边放上苦菊。
7. 清水榄、黑水榄切片,和小番茄一起装饰即可。

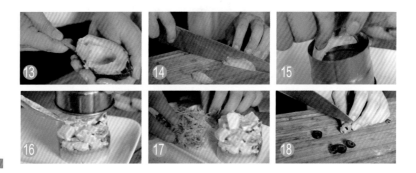

培根果干蔬菜沙拉

 主料： 培根 70g

配料： 生菜 10g、苦菊 10g、紫甘蓝 10g、圣女果 15g、腰果 20g、核桃仁 30g、巴旦木 20g

调料： 黑胡椒 5g、橄榄油 10g、盐 2g

做法

超级啰嗦

◎注意烤制培根的成熟度。

1. 锅中放油，将培根煎熟后盛出，切 1~2 厘米的条状备用。
2. 坚果切碎备用，将苦菊、生菜、紫甘蓝撕成不规则的块状放入碗中，加入盐、橄榄油拌匀，圣女果对半切。
3. 将培根丁、圣女果、坚果类放入碗中，撒点黑胡椒碎，搅拌均匀即可。

 主料： 生菜 10g、紫甘蓝 10g、苦菊 10g、黄瓜 30g、口蘑 20g

调料： 橄榄油 10g、黑醋 10g、盐 2g

意式蔬菜沙拉
配黑醋汁

🍳 做法

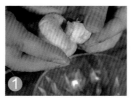

1. 将口蘑洗净，切片，锅中放橄榄油，将口蘑煎熟。

2. 黄瓜切成片。

3. 在黑醋、盐中倒入剩余的橄榄油拌匀。

4. 将生菜、紫甘蓝、苦菊撕成不规则的片状，放入切好的黄瓜、煎好的口蘑。

5. 食用时再将调制好的黑醋汁淋在上面即可。

🥢

超级啰嗦

◎ 调配黑醋汁比较关键。

图书在版编目（CIP）数据

美味营养早餐轻松搞定／新东方烹饪教育组编 . -- 北京：中国人民大学出版社，2020.1
ISBN 978-7-300-27740-0

Ⅰ . ①美… Ⅱ . ①新… Ⅲ . ①食谱 Ⅳ . ① TS972.12

中国版本图书馆 CIP 数据核字 (2019) 第 290008 号

美味营养早餐轻松搞定

新东方烹饪教育 组编

Meiwei Yingyang Zaocan Qingsong Gaoding

出版发行	中国人民大学出版社				
社　　址	北京中关村大街 31 号		**邮政编码**	100080	
电　　话	010-62511242（总编室）		010-62511770（质管部）		
	010-82501766（邮购部）		010-62514148（门市部）		
	010-62515195（发行公司）		010-62515275（盗版举报）		
网　　址	http://www.crup.com.cn				
经　　销	新华书店				
印　　刷	中煤（北京）印务有限公司				
规　　格	185mm×260mm　16 开本		**版　　次**	2020 年 1 月第 1 版	
印　　张	11.25		**印　　次**	2024 年 12 月第 3 次印刷	
字　　数	230 000		**定　　价**	45.00 元	